Sitzungsberichte der Heidelberger Akademie der Wissenschaften
Mathematisch-naturwissenschaftliche Klasse
Jahrgang 1989, 3. Abhandlung

E. Mosler   W. Folkhard   W. Geercken
E. Knörzer   H. Nemetschek-Gansler   Th. Nemetschek
M. H. J. Koch   P. P. Fietzek

Strukturdynamik nativer und künstlich vernetzter Sehnenfasern

Mit 18 Abbildungen

Vorgelegt von G. Schettler in der Sitzung vom 22. April 1989

Springer-Verlag
Berlin Heidelberg New York
London Paris Tokyo Hong Kong

Erika Mosler   Waltraud Folkhard   Werner Geercken   Ernst Knörzer
Hedi Nemetschek-Gansler   Theobald Nemetschek
Pathologisches Institut
Abteilung für Ultrastrukturforschung
Universität Heidelberg
Im Neuenheimer Feld 326
D-6900 Heidelberg

Michel H. J. Koch
EMBL
Außenstelle DESY
Notkestraße 85
D-2000 Hamburg

Peter P. Fietzek
PROGEN
Biotechnik GmbH
Im Neuenheimer Feld 519
D-6900 Heidelberg

ISBN-13: 978-3-540-51377-3   e-ISBN-13: 978-3-642-46677-9
DOI:10.1007/ 978-3-642-46677-9

Dieses Werk ist urheberrechtlich geschützt. Die dadurch begründeten Rechte, insbesondere die der Übersetzung, des Nachdrucks, des Vortrags, der Entnahme von Abbildungen und Tabellen, der Funksendung, der Mikroverfilmung oder der Vervielfältigung auf anderen Wegen und der Speicherung in Datenverarbeitungsanlagen, bleiben, auch bei nur auszugsweiser Verwertung, vorbehalten. Eine Vervielfältigung dieses Werkes oder von Teilen dieses Werkes ist auch im Einzelfall nur in den Grenzen der gesetzlichen Bestimmungen des Urheberrechtsgesetzes der Bundesrepublik Deutschland vom 9. September 1965 in der Fassung vom 24. Juni 1985 zulässig. Sie ist grundsätzlich vergütungspflichtig. Zuwiderhandlungen unterliegen den Strafbestimmungen des Urheberrechtsgesetzes.

© Springer-Verlag Berlin Heidelberg 1989

Die Wiedergabe von Gebrauchsnamen, Warenbezeichnungen usw. in diesem Werk berechtigt auch ohne besondere Kennzeichnung nicht zu der Annahme, daß solche Namen im Sinne der Warenzeichen- und Markenschutz-Gesetzgebung als frei zu betrachten wären und daher von jedermann benutzt werden dürften.
Satz: K+V Fotosatz GmbH, Beerfelden

Herrn Professor Dr. Dr. h.c. mult. Wilhelm Doerr
zur Vollendung des 75. Lebensjahres gewidmet

Strukturdynamik nativer und künstlich vernetzter Sehnenfasern

> Wir können dem Verstand die Fragen
> nicht abgewöhnen, sie sind so in
> der Natur der Vernunft verwebt,
> daß wir ihrer nicht los werden können.
> *I. Kant*

Zusammenfassung

Die Strukturdynamik von Sehnenfasern, d. h. die Ermittlung bestimmter Parameter an in Bewegung befindlichen Kollagenmolekülen, wird an nativen und an mit Hexamethylendiisocyanat (HMDI) künstlich vernetzten Sehnenfasern aufgezeigt. Das Ziel dieser Untersuchungen ist die analytische Erfassung und Lokalisation künstlich eingeführter Querbrücken mit Aussagewert für natürlicherweise vorkommende Vernetzungen. Voraussetzung hierfür ist der Einsatz neuer Technologien, so z. B. der Synchrotronstrahlung zur Erzeugung von Röntgenmeßdaten sehr schnell ablaufender dynamischer Vorgänge sowie die überraschende Tatsache, daß mit HMDI vernetzte Fasern ein von nativen Objekten nicht unterscheidbares Röntgendiagramm liefern.

Aus diesem Grund sind die auf der Aminosäuresequenz von Typ I Kollagen beruhenden Modellrechnungen zur Ermittlung der Strukturparameter auch uneingeschränkt auf HMDI vernetztes Kollagen anwendbar. Die Kombination dieser Ergebnisse mit biochemischen und biophysikalischen Meßdaten ermöglicht die quantitative Erfassung der Dynamik sowohl der Moleküle in den Fibrillen als auch der Fibrillen in der Faser, und zwar in Abhängigkeit von Grad und Art der künstlichen ebenso wie der natürlichen Vernetzung. Dieser experimentelle Weg ermöglicht somit erstmals eine zerstörungsfreie analytische Erfassung ortsspezifischer Querbrücken und hierdurch auch vergleichende Untersuchungen an klinisch relevantem Bindegewebe.

1. Einleitung

Das Einführen künstlicher Quervernetzungen zwischen zu Fibrillen und Fasern gebündelten Kollagen[1]-Molekülen dient in der Regel der Erhöhung mechanischer und thermischer Stabilität (GUSTAFSON 1956; BOWES und CATER 1964) dieser Fasern bzw. der aus diesen aufgebauten Systemen, so z. B. der Lederhaut (LEBERFINGER et al. 1971). Maßgeschneiderte künstliche Quervernetzungen bzw. Querbrücken finden an Proteinen auch als molekulare Zirkel (ZAHN und WEGERLE 1954; FASOLD et al. 1971) zum Abschätzen molekularer Substratabstände Verwendung. Dem Reaktionsmechanismus dieser von ZAHN und WEGERLE (1954) eingesetzten sogenannten Reaktivgerbstoffe liegt am Beispiel von 4,4'-Difluor-3,3'-Dinitrodiphenylsulfon [1] eine nukleophile Substitution der F-Atome durch ε-Aminogruppen der Lysin- bzw. Hydroxylysinreste zugrunde, wo-

bei je nach den sterischen Bedingungen eine *intra-* und/oder *inter*molekulare Vernetzung erfolgen soll. Einschränkend muß allerdings geltend gemacht werden, daß nach Isolierung der Umsetzungsprodukte von Kollagen eine Unterscheidung zwischen *inter-* oder *intra*molekulare Brückenstücken nicht zu treffen war. Eine Erhöhung der Schrumpfungstemperatur und der enzymatischen Resistenz dieser Kollagenproben wurde jedoch im Sinne einer *inter*molekularen Vernetzung interpretiert.

Ein altersabhängiger Anstieg des Vernetzungsgrades (BAILEY et al. 1974) von fibrillärem Kollagen findet unter physiologischen Bedingungen während der Wachstumsphase des jeweiligen Individuums statt. Unter Beteiligung potentieller eigener Bindungspartner erfolgt Quervernetzung z. B. auf der Basis der Ausbildung SCHIFFscher Basen [2] (NEMETSCHEK 1974) gemäß:

---

[1] griechisch: kólla = Leim; genésis = Bildung. Die Ethymologie dieses um 1865 eingeführten Wortes (EASTOE 1967) wird bereits durch die Definition des Bindegewebes als „ein Gewebe, dessen Grundsubstanz beim Kochen Leim gibt" reflektiert (VIRCHOW 1858).

Strukturdynamik nativer und künstlich vernetzter Sehnenfasern 9

$$\begin{array}{c} \text{NH} \\ \diagdown \\ \text{CH-(CH}_2)_3\text{-C} \\ \diagup \\ \text{O=C} \end{array} \begin{array}{c} * \\ \text{H} \\ \diagdown \\ \text{O} \end{array} + \text{H}_2\text{N-(CH}_2)_3\text{-CH}_2\text{-CH} \begin{array}{c} \diagdown \\ \text{NH} \\ \diagup \\ \text{C=O} \end{array}$$

$$\updownarrow$$

$$\begin{array}{c} \text{NH} \\ \diagdown \\ \text{CH-(CH}_2)_3\text{-CH=N-(CH}_2)_3\text{-CH}_2\text{-CH} \\ \diagup \\ \text{O=C} \end{array} \begin{array}{c} \diagdown \\ \text{NH} \\ \diagup \\ \text{C=O} \end{array} + \text{H}_2\text{O}$$

[2]

Eine der SCHIFFschen Reaktion vergleichbare Brückenbildung wird u. a. der in vitro-Vernetzung kollagener Fibrillen mit wäßrigem Glutaraldehyd [3] gemäß:

[3]

$$\begin{array}{c} \text{NH} \\ \diagdown \\ \text{CH-(CH}_2)_4\text{-NH}_2 \\ \diagup \\ \text{O=C} \end{array} + \text{O=CH-(CH}_2)_3\text{-HC=O} + \text{H}_2\text{N-(CH}_2)_4\text{-CH} \begin{array}{c} \diagdown \\ \text{NH} \\ \diagup \\ \text{C=O} \end{array}$$

$$\downarrow$$

$$\begin{array}{c} \text{NH} \\ \diagdown \\ \text{CH-(CH}_2)_4\text{-N=CH-(CH}_2)_3\text{-HC=N-(CH}_2)_4\text{-CH} \\ \diagup \\ \text{O=C} \end{array} \begin{array}{c} \diagdown \\ \text{NH} \\ \diagup \\ \text{C=O} \end{array} + 2\text{H}_2\text{O}$$

zugrundegelegt. Wie bei den Reaktivgerbstoffen können die hier realisierten künstlichen Vernetzungen auch nur anhand der modifizierten Fasereigenschaften nachgewiesen werden. Eine Unterscheidung zwischen *intermolekularen* und *interfibrillären* Vernetzungen bereitete bislang nicht nur chemisch-analytisch, sondern auch struktur-analytisch Schwierigkeiten. Eine strukturanalytische Erfassung vernetzungsrelevanter Modifikationen ist im Röntgenkleinwinkeldiagramm der Fasern auf der Basis dynamisch induzierter Intensitätsänderungen im Prinzip denkbar, denn diese Änderungen stehen in Beziehung zu einem durch Vernetzungen bzw. Querverfestigungen beeinflußbaren Gleitvorgang parallel assoziierter Kollagenmoleküle (MOSLER et al. 1985); entsprechende Analysen waren jedoch bislang erschwert, da schon die Vernetzungen mit Aldehyden zu Intensitätsänderungen im Faserdiagramm führen (JONAK et al. 1979).

Als Vertreter mehrfunktioneller Isocyanate (BAYER 1947) wirkt auch Hexamethylendiisocyanat [4] (HMDI) vernetzend auf Kollagen (EITEL 1953). Die Reaktionsfreudigkeit mit Aminogruppen übertrifft dabei die mit OH-Gruppen, weshalb eine Umsetzung mit Kollagen gemäß:

---

* OH-Gruppe mit Aldehydfunktion nach oxidativer in vivo-Desaminierung der ε-NH$_2$-Gruppe eines Lysinrestes (BORNSTEIN et al. 1966).

$$\underset{O=C}{\overset{NH}{\diagdown}}\!\!\diagup\!\!CH\text{-}(CH_2)_4\text{-}NH_2 \;+\; \overset{[4]}{O=C=N\text{-}(CH_2)_6\text{-}N=C=O} \;+\; H_2N\text{-}(CH_2)_4\text{-}CH\!\!\diagdown\!\!\underset{C=O}{\overset{NH}{\diagup}}$$

$$\downarrow$$

$$\underset{O=C}{\overset{NH}{\diagdown}}\!\!\diagup\!\!CH\text{-}(CH_2)_4\text{-}\underset{[5]}{NH\text{-}CO\text{-}NH}\text{-}(CH_2)_6\text{-}\underset{[5]}{NH\text{-}CO\text{-}NH}\text{-}(CH_2)_4\text{-}CH\!\!\diagdown\!\!\underset{C=O}{\overset{NH}{\diagup}}$$

auch im wäßrigen Medium unter Ausbildung von Harnstoffbrücken [5] stattfindet. Die vernetzten Fasern zeigen in ihrem mechanischen, thermischen und enzymatischen Verhalten Übereinstimmung mit aldehydvernetzten Objekten. Bemerkenswerterweise sind sie jedoch – im Unterschied zu diesen – in der Röntgenbeugung mit den nativen Objekten im Einklang. Sowohl im Kleinwinkel- als auch im Weitwinkelbereich findet man die für native Fasern charakteristischen Reflexfolgen (MOSLER et al. 1987). Dieser unerwartete Befund wird auf die praktisch gleiche Elektronendichte von HMDI und dem Hydratwasser nativer Fasern zurückgeführt bzw. ist ein Hinweis darauf, daß die Harnstoffbrücken vom Strukturwasser des Kollagens (TRAUB und PIEZ 1971) toleriert werden. So besteht erstmals die Möglichkeit, auch künstlich vernetzte Kollagenfasern quantitativen strukturdynamischen Messungen (MOSLER et al. 1985; FOLKHARD et al. 1987a) zu unterziehen.

Ohne Einfluß auf die Nativstruktur war bislang lediglich der quantitative Austausch des Hydratwassers durch das sterisch begünstigte 2-Propanol, allerdings unter gleichzeitiger Aufweitung des Raumgitters (NEMETSCHEK et al. 1983; FOLKHARD et al. 1984).

2. Strukturdynamische Daten – gewonnen mit Hilfe der Synchrotronstrahlung im Kurzzeitbeugungsexperiment

Die Registrierung strukturdynamischer Daten, d. h. bestimmter Parameter an in Bewegung befindlichen Kollagenmolekülen, wurde erst möglich durch Einsatz der Synchrotronstrahlung (Abb. 1) wegen der um einige Größenordnungen höheren Intensität gegenüber konventionellen Röntgenstrahlgeneratoren. Die hierdurch in Kombination mit leistungsstarken ortsempfindlichen Detektoren erzielten erheblich kürzeren Expositionszeiten sind erforderlich, weil bei dynamischen Abläufen mit einer Rückstellung der Moleküle bereits innerhalb von Sekunden zu rechnen ist (NEMETSCHEK et al. 1978; FOLKHARD et al. 1987a).

Es liegt am biologischen System Sehnenfaser und an dessen viskoelastischen Eigenschaften (NEMETSCHEK et al. 1980), daß entsprechende molekulare Bewegungen nicht über beliebig lange Zeit „konserviert" und deshalb nur durch Meßzeiten im Sekundenbereich erfaßt werden können. Die Anzeige erfolgt im meri-

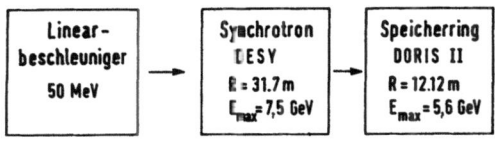

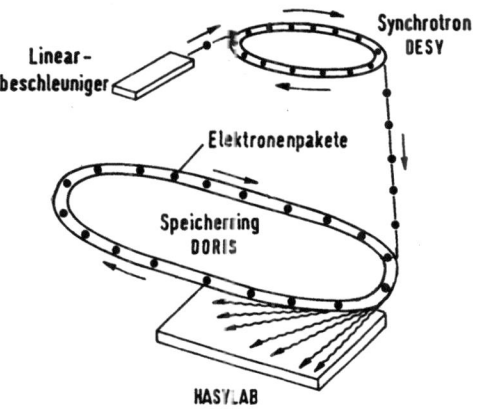

Abb. 1. Auftreten der Synchrotronstrahlung. In einem Linearbeschleuniger (LINAC) und dem Synchrotron (DESY) werden Elektronen auf nahezu Lichtgeschwindigkeit beschleunigt und dann zum Speicherring DORIS transferiert. Die tangential abgestrahlte Synchrotronstrahlung (∿), die je nach Energie der Elektronen im Bereich der weichen bis harten Röntgenstrahlung liegt, steht in der HASYLAB-Experimentierhalle für Experimente zur Verfügung. Durch Anwendung geeigneter Monochromatoren kann ein Strahl ausgeblendet werden, der neben einer hohen Brillanz auch eine exzellente Kollimation besitzt (nach E. E. KOCH, HASYLAB/DESY 1984)

dionalen Röntgenkleinwinkelspektrum (Abb. 2) durch einen Reflex bei ≈ 67 nm sowie dessen höheren Ordnungen mit Aussagekraft für eine dynamisch modifizierbare axiale Langperiode, die auf einer gestaffelten Parallelaggregation ≈ 290 nm langer Kollagenmoleküle beruht (Abb. 3).

Die Änderungen der Reflexintensitäten im Kurzzeitbeugungsspektrum (Abb. 2a) sind quantifizierbar und dienen als strukturdynamische „fingerprints" bei der Beschreibung molekularer Abläufe an diesem Biopolymer (MOSLER et al. 1987; FOLKHARD et al. 1987a).

3. Das hierarchische Ordnungsprinzip einer Sehnenfaser

Für das Ordnungsprinzip einer Sehnenfaser gilt das Konzept eines Kollektivsystems (KASTELIC et al. 1978) aus parallel angeordneten, sich überlappenden ungleich langen Untereinheiten (Fibrillen und „Subfibrillen") (NEMETSCHEK

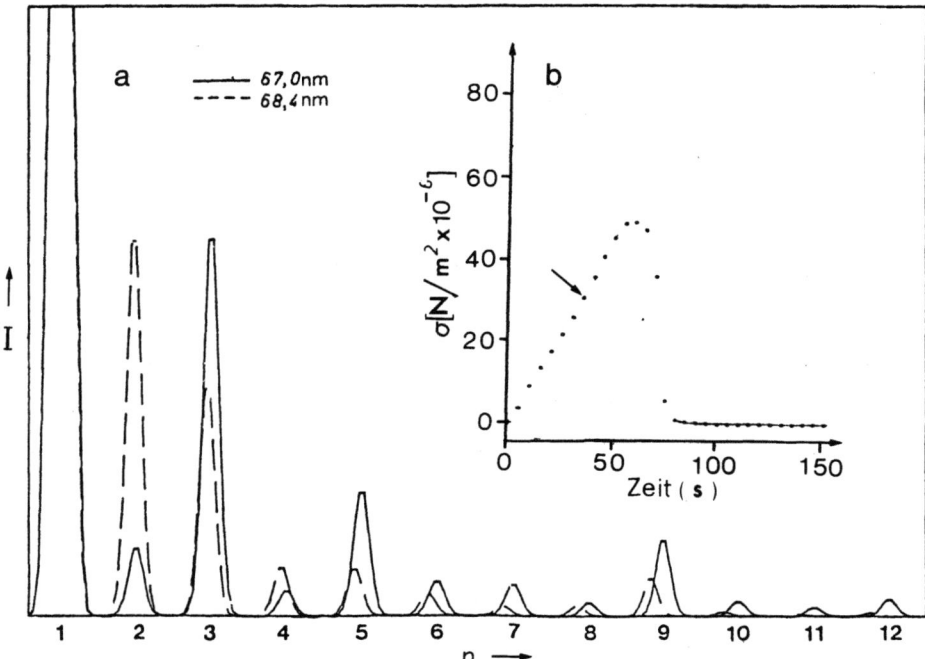

Abb. 2. a. Meridionale Kleinwinkelspektren einer nativen Sehnenfaser vor (———) und während (– – –) einer dynamischen Modifizierung; Anzeige eines molekularen Gleitmechanismus durch geänderte Langperiodenwerte und Reflexintensitäten. Kleinwinkelmeßstrecke X 33 von EMBL/DESY mit doppelfokussierendem Spiegel-Monochromatorsystem; Synchrotronstrahl am Speicherring DORIS (MOSLER et al. 1985). Meßzeit 5 s; Anpassung der Maxima und Abzug des Untergrundes durch eine nicht-lineare Regressionsanalyse (SCHILLING et al. 1981). I: Intensität; n: Ordnungen des Langperiodenreflexes. **b** Simultan aufgezeichnete Spannung σ (↗) zum Zeitpunkt der Registrierung des Spektrums (– – –) in **a**; durch Spannungsabfall Anzeige eines zum Riß führenden Faserfließens; Dehnungsgeschwindigkeit: $v_d = 0{,}12\%\ s^{-1}$

et al. 1980), deren Stabilisierung über quer zur Längsachse ausgerichtete kooperativ wirkende physikalische und chemische Bindungskräfte unter Beteiligung des Hydratwassers gewährleistet ist. Das mit diesem Ordnungsprinzip verbundene *Gleitvermögen* linearer Untereinheiten unter Zugbelastung steht mit den mechanischen Dämpfungseigenschaften und der Anpassungsfähigkeit dieses Biopolymers an impulsartige Belastungen in Zusammenhang. Dieses Ordnungsprinzip ist aber auch der Grund dafür, weshalb die nativ feuchten Fasern, ähnlich wie synthetische Hochpolymere, ein kompliziertes mechanisches Verhalten zeigen, das am besten mit Begriffen der Viskoelastizität beschrieben werden kann (VIIDIK 1973; ARNOLD 1974; RIEDL und NEMETSCHEK 1977).

Eine Eigenart dieser Biopolymerfasern besteht darin, daß das Gleitvermögen der Untereinheiten sowohl auf makroskopischer (NEMETSCHEK et al. 1980) als

Strukturdynamik nativer und künstlich vernetzter Sehnenfasern

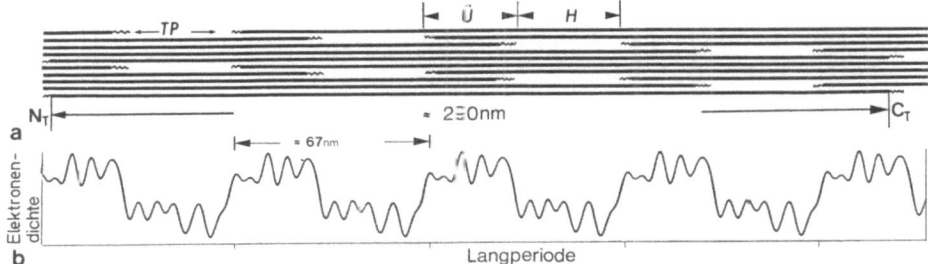

Abb. 3. a. Vereinfachte schematische Darstellung eines Fibrillenausschnittes mit der Parallelassoziation (D Stagger) zueinander versetzter ≈ 290 nm langen stäbchenartigen Moleküle (———) (HODGE und PETRUSKA 1963). Diese Staffelung der Moleküle bedingt die im elektronenmikroskopischen Bild und im meridionalen Röntgenkleinwinkelspektrum angezeigte ≈ 67 nm Langperiode, mit dem Überlappungsbereich ($Ü$) und dem Hohlraumbereich (H). Jedes Molekül besteht aus drei umeinander gewundenen α-Ketten. C_T, COOH-Terminus; N_T, NH$_2$-Terminus; TP, Telopeptide. **b** Axiale Elektronendichteverteilung, die aus dem Kleinwinkelspektrum und den von einem Modell für natives Kollagen abgeleiteten Phasen berechnet wurde

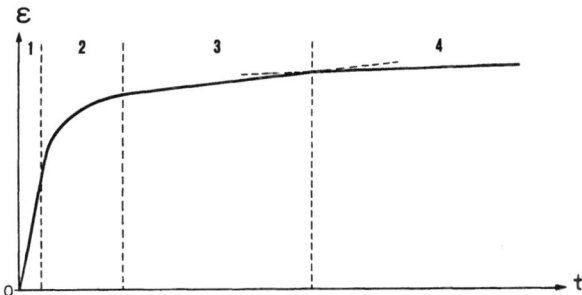

Abb. 4. Schema der Deformationskurve einer nativen Kollagenfaser als Funktion der Zeit. Im Bereich 1 findet eine elastische Deformation der Probe statt, der im Bereich 2 das für viskoelastische Stoffe charakteristische „Kriechen" folgt. Die Bereiche 3 und 4 schließlich stellen das Fließen der Fasern dar, dem irreversible, ähnlich wie in Abb. 2b zum Reißen der Probe führende Gleitvorgänge entsprechen

auch auf molekularer Ebene (FOLKHARD et al. 1987a) nach Wasserentzug zum Erliegen kommt. Dem Hydratwasser kommen nämlich neben stabilisierenden auch Weichmacherfunktionen zu, weshalb eine H$_2$O-Abgabe mit einer *Verdichtung* des Kollektivsystems verbunden ist.

Im Unterschied zu ideal-elastischen Stoffen ändert sich das mechanische Verhalten dieser Fasern mit der Belastungs- bzw. Deformationsgeschwindigkeit. So kann man an Sehnenkollagen in Abhängigkeit von der Dehnungsgeschwindigkeit einen Anstieg des E-Moduls und entsprechend eine Abnahme der Dehnbarkeit registrieren (RIEDL and NEMETSCHEK 1977; HANSTEIN v. 1977). Der hiermit verbundene Stabilitätsanstieg der Fasern erklärt sich aus der unter Belastung verbesserten Parallelausrichtung linearer Untereinheiten und der bei hohen Dehnungsgeschwindigkeiten ($v_d \geq 1000\% \, s^{-1}$) plötzlich einsetzenden Querschnittsverjüngung unter gleichzeitiger Ausbildung zusätzlicher physikalischer Querbindungen. Bei langsamen Dehnungsgeschwindigkeiten ($v_d \leq 0,13\% \, s^{-1}$) wird hingegen, wie in Abb. 4 wiedergegeben, ein Faserfließen begünstigt (NEMETSCHEK et al. 1980).

Analog zu *makroskopischen* Kriterien für ein viskoelastisches Verhalten von Sehnenfasern findet man auch Hinweise auf *molekularer* Ebene insofern, als dehnungsinduzierte Langperioden- und Intensitätsänderungen beobachtet werden, die mit einem Gleitvorgang gekoppelt sind. Diese Abläufe bilden die Basis quantitativer Strukturanalysen, wie sie in den folgenden Abschnitten besprochen werden.

4. Der molekulare Gleitmechanismus der nativen Kollagenfibrillen

Schon seit den ersten Kurzzeitröntgenbeugungsmessungen mit Synchrotronstrahlung (NEMETSCHEK et al. 1978) ist bekannt, daß die Langperiode (Abb. 3)

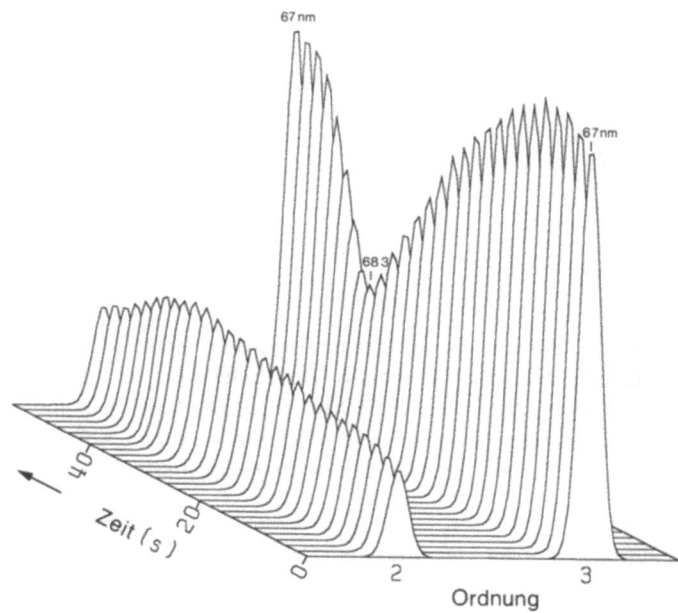

Abb. 5. Zeitlicher Verlauf der Intensitäten der 2. und 3. Ordnung des meridionalen Röntgenkleinwinkelreflexes während der Dehnung (Kurven 1–20) und Entlastung (Kurven 21–28) einer nativen 24 Monate alten Rattenschwanzsehne. Die Langperiode steigt dabei von 67,0 nm auf 68,3 nm an und geht beim Entlasten wieder auf ihren ursprünglichen Wert zurück. Die Intensitäten wurden durch Gaußfunktionen angepaßt und der Untergrund abgezogen (SCHILLING et al. 1981). Die Faser wurde mit einer Dehnungsgeschwindigkeit von 0,13% s^{-1} um makroskopisch 5,3% gedehnt. Meßzeit je Spektrum: 2 s

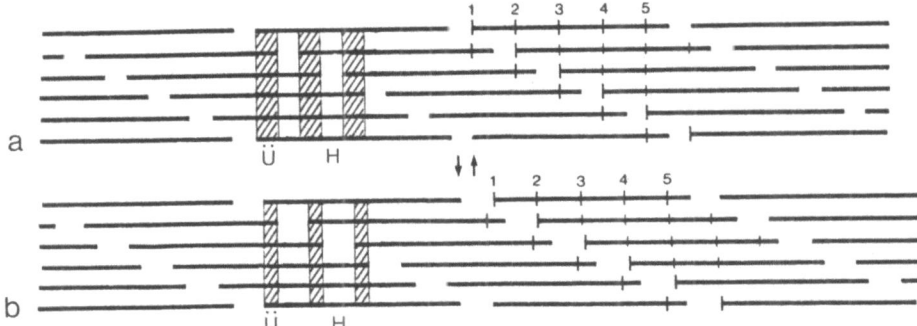

Abb. 6a, b. Schematische 2-dimensionale Darstellung der Ausschnitte einer ungedehnten (**a**) und einer gedehnten (**b**) Fibrille, um die Auswirkungen des Gleitvorganges auf das Verhältnis von Überlappungsbereich (Ü, schraffiert) und Hohlraumbereich (H) zu verdeutlichen. Die Dehnung der Moleküle wurde dabei nicht berücksichtigt. Der Gleitvorgang ist übertrieben dargestellt, um den Vorgang hervorzuheben. Die Zahlen 1–5 entsprechen den Molekül-Segmenten und sollen darauf hinweisen, daß die Moleküle sich relativ zueinander verschieben und nicht nur auseinanderrücken, wie dies bei einer solchen Darstellung erscheinen könnte

der Kollagenfibrillen beim Belasten einer Sehnenfaser ansteigt. Mit Hilfe der hochauflösenden Röntgenkleinwinkelkamera X 33 (EMBL/DESY Hamburg) konnte festgestellt werden, daß diese Erhöhung der Langperiode mit Intensitätsänderungen, insbesondere der Reflexe 2. und 3. Ordnung (Abb. 5), verbunden ist. Aus diesem Befund ließ sich ableiten, daß eine Veränderung in der "Grobstruktur" der Kollagenfibrillen stattgefunden haben muß (MOSLER et al. 1985).

Erste qualitative Modellrechnungen anhand einer einfachen stufenförmigen Elektronendichteverteilung, die diese „Grobstruktur" wiedergibt, lieferten den Befund, daß der sogenannte Überlappungsbereich (Abb. 6a) im Zuge der Dehnung verkürzt wird. Und zwar erfolgt diese Verkürzung nicht nur relativ zum Hohlraumbereich (Abb. 6b) (was z. B. bei einer alleinigen Dehnung dieses Bereiches der Fall wäre), sondern der Überlappungsbereich wird absolut gesehen kürzer. Die Lösung für diesen scheinbaren Widerspruch wurde im molekularen Gleitmechanismus gefunden (MOSLER et al. 1985).

Dieser molekulare Gleitmechanismus besagt, daß beim Dehnen einer Fibrille die Kollagenmoleküle nicht nur selbst gedehnt werden, sondern zusätzlich auch aneinander vorbeigleiten. Dieser Vorgang ist *reversibel*, da beim Entlasten der Fasern sowohl die Langperiode als auch die Reflexintensitäten wieder ihren ursprünglichen Wert annehmen (Abb. 5). Dieses molekulare Gleiten bedeutet eine Änderung des D-Staggers, der die relative axiale Position der gestaffelten Moleküle in der Fibrille zueinander definiert (Abb. 3a). Dieses Gleiten hat eine Verkürzung des Überlappungsbereiches zur Folge, wie in Abb. 6 anschaulich dargestellt wird. An intermolekularen Quervernetzungen beteiligte Telopeptide werden dabei aufgrund der relativen Verschiebung der Bindungspartner gedehnt. An der Rück-

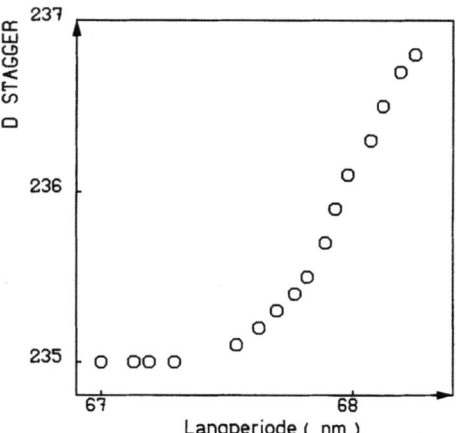

Abb. 7. Änderung des D-Staggers mit der Langperiode im Zuge der Dehnung der Sehnenfaser aus Abb. 5. Der D-Stagger ist ein direktes Maß für das Gleiten der Moleküle und wurde aufgrund von Modellrechnungen für jedes Spektrum der Dehnungsserie ermittelt

stellkraft dürften jedoch hauptsächlich verspannte physikalische Querverbindungen beteiligt sein.

Detaillierte Modellrechnungen wurden auf der Basis der Aminosäuresequenz durchgeführt, wobei der D-Stagger neben der axialen Ausdehnung der Telopeptide den entscheidenden Strukturparameter darstellt. Dadurch konnte jedem Röntgenkleinwinkelspektrum einer Dehnungsserie ein D-Stagger zugeordnet werden (FOLKHARD et al. 1987a) (Abb. 7). Außerdem konnte durch diese Berechnungen die Dehnung der Kollagenmoleküle indirekt genauer bestimmt werden als dies durch den diffusen 0,286 nm meridionalen Weitwinkelreflex möglich ist. Der Längenzuwachs der Langperiode durch die Erhöhung des D-Staggers um eine Aminosäuresteinheit beträgt nur 0,29 nm. Der weitere Längenzuwachs ist daher auf die gleichmäßige Dehnung der Moleküle zurückzuführen, die an die Langperiodenerhöhung gekoppelt ist, aber homogen und somit ohne Intensitätsänderungen abläuft.

Daß eine scheinbar geringe D-Stagger-Änderung um eine Aminosäuresteinheit eine erhebliche Änderung der Intensitäten zur Folge hat, liegt daran, daß über eine Langperiode 5 Molekülabschnitte jeweils um einen Aminosäurerest auseinanderrücken, wodurch der 5. Molekülabschnitt gegenüber dem 1. um 4 Reste verschoben wird. Dadurch ist der Überlappungsbereich um 1,16 nm (= 4×0,29 nm) verkürzt, während der Hohlraumbereich um diese 4 Reste plus dem einen Rest, um den die Langperiode gewachsen ist, länger geworden ist (1,45 nm = 5×0,29 nm) (MOSLER et al. 1985).

Das Gleitvermögen der Kollagenmoleküle sowie die Quantifizierbarkeit dieses Vorganges bilden die Grundlage eines von uns erstmals beschriebenen Analyseverfahrens. Aus diesem Grund erschien es angezeigt, in diesem Abschnitt eine Übersicht zu bringen.

5. Der molekulare Gleitmechanismus des künstlich vernetzten Kollagens

Die Umsetzung der Sehnenfasern mit HMDI erfolgte in Anlehnung an eine gerbereichemische Arbeitsvorschrift (EITEL 1953). Das Diisocyanat wurde hierzu in der gewünschten Konzentration in Ringerlösung unter Zusatz von 1%igem Marlophen 87® (Alkylphenolpolyglycolether) als Emulgator gelöst. In den nachfolgenden Versuchen wurden die HMDI-vernetzten Fasern mit Ringerlösung gewaschen und auch in dieser feucht gehalten.

Als Kriterien für eine erfolgte Vernetzung dienten die Bestimmung der enzymatischen Resistenz, die mit dem Vernetzungsgrad ansteigende Schrumpfungstemperatur (T_s) sowie das mechanische Verhalten der Fasern im Kraft-Dehnungsversuch (Abb. 8). Man findet als Funktion der Vernetzungsdauer an einer um 2% verspannten Faser einen immer steiler werdenden Kurvenverlauf, d. h. für die gleichbleibende Längung der Faser wird eine immer höhere Kraft benötigt, gleichbedeutend mit einem Anstieg des Elastizitätsmoduls.

Im Gegensatz zur Vernetzung mit Glutaraldehyd (JONAK et al. 1979) erfolgt während der Vernetzung mit HMDI weder im ausgerichteten noch im 2% gedehnten Zustand ein isometrisch registrierbarer Anstieg der Faserspannung. Entspannt mit HMDI umgesetzte Fasern weisen keine E-Modul-Zunahme im Kraft-Dehnungs-Diagramm auf in Übereinstimmung mit Glutaraldehyd- oder Formaldehyd-vernetzten Fasern (NEMETSCHEK et al. 1980).

Das *Röntgendiagramm* HMDI-vernetzter Rattenschwanzsehnen (RTT) zeigt am *Äquator* das für die Nativstruktur charakteristische Beugungsmuster (RAN-

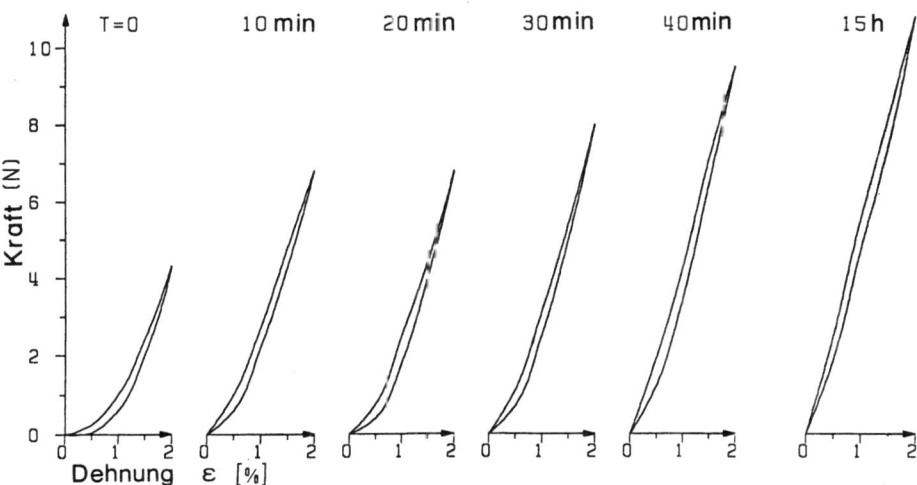

Abb. 8. Aufeinanderfolgende Kraft-Dehnungs-Diagramme als Funktion der Vernetzungsdauer verstreckter Sehnenfasern mit HMDI. Der aus dem Kurvenverlauf berechnete maximale Anstieg des Elastizitätsmoduls beträgt 60%

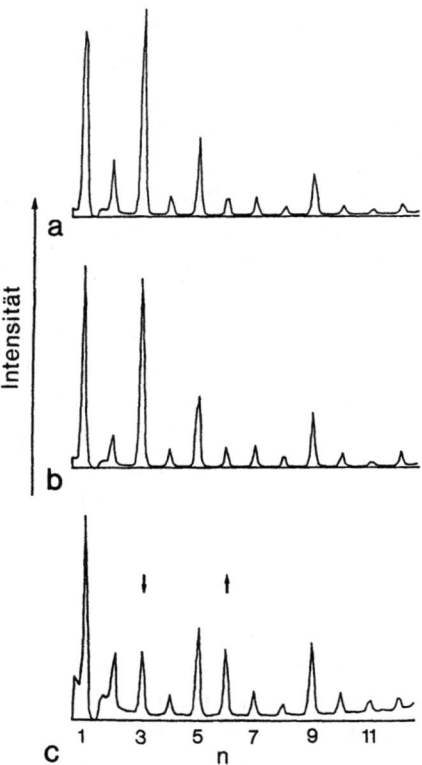

Abb. 9a–c. Meridionales Röntgenkleinwinkelspektrum einer **a** nativen Rattenschwanzsehne (RTT, 24 Monate alt), **b** HMDI-vernetzten RTT, **c** Glutaraldehyd-vernetzten RTT. Die erste Ordnung ist um den Faktor 10 abgeschwächt. Man beachte die starken Intensitätsänderungen in **c**

DALL 1954). Beugungsdiagramme von Fasern, die mit anderen Vernetzungsmitteln behandelt wurden, haben hingegen nur ein diffuses Reflexpaar am Äquator als Hinweis auf eine gestörte Nativstruktur. Das *meridionale* Kleinwinkeldiagramm HMDI-vernetzter Fasern (Abb. 9b) ist praktisch ebenso identisch mit dem einer nativen Faser (Abb. 9a). Dagegen weisen die Kleinwinkeldiagramme aldehydvernetzter Fasern Intensitätsänderungen auf (JONAK et al. 1979) (Abb. 9c).

Der zeitaufgelöste Dehnungsprozeß

Zur Abklärung eines Einflusses der künstlichen Vernetzung auf den molekularen Gleitmechanismus wurden die vernetzten Fasern gedehnt und simultan dazu Serien von meridionalen Röntgenkleinwinkelspektren registriert. In der zeitaufgelösten Analyse einer schwach ($T_s \approx 63\,°C$) vernetzten Faser (Abb. 10a) nimmt das Verhältnis der Intensität von 2. zu 3. Ordnung (I_2/I_3) mit wachsender Langperio-

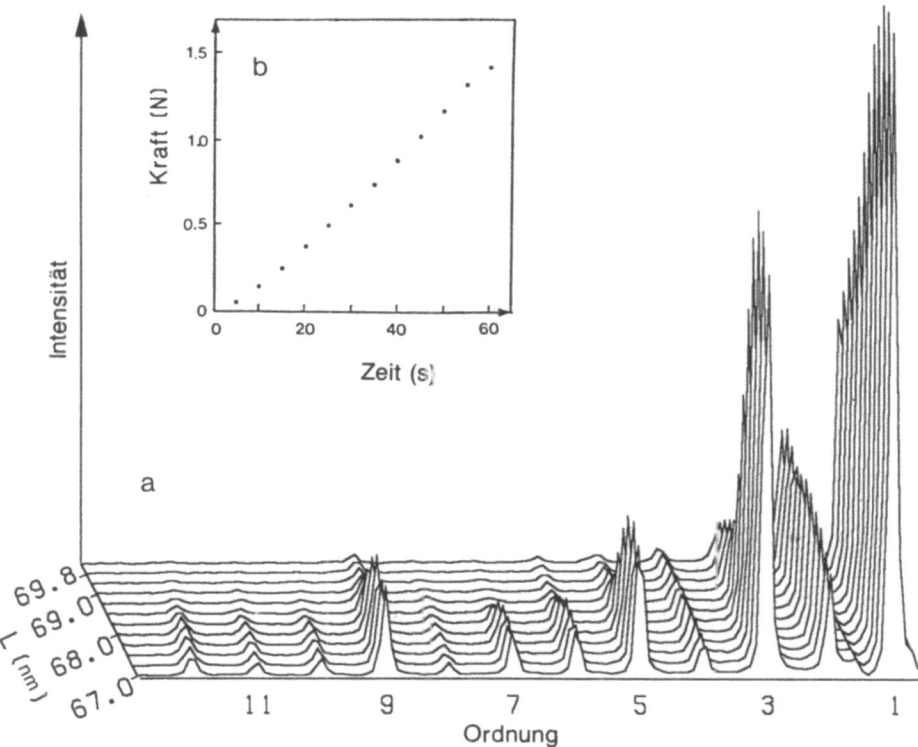

Abb. 10. a Zeitaufgelöste meridionale Kleinwinkelspektren, die während der Dehnung einer schwach ($T_s \approx 63\,°C$) mit HMDI-vernetzten RTT-Faser (24 Monate) registriert wurden. Das vorderste Spektrum ist das der ungedehnten Faser. Ein Filter mit dem Abschwächungsfaktor 9,2 befand sich vor der ersten Ordnung. Die Meßzeit betrug 5 s pro Spektrum. L, Langperiode. **b** Kraft-Zeit-Verlauf, der simultan mit den Spektren registriert wurde. Jeder Punkt gibt die Kraft (F) an der Faser des entsprechenden Spektrums in **a** wieder. Die Faser wurde von 0 bis 7% gedehnt. Die Dehnungsgeschwindigkeit betrug $0{,}12\%\ s^{-1}$

de zu. Die Intensitäten der höheren Ordnungen nehmen wahrscheinlich durch wachsende, dehnungsinduzierte *intra*fibrilläre Unordnung ab (KNÖRZER et al. 1986).

In der zeitaufgelösten Dehnungsserie einer stark ($T_s \approx 73\,°C$) mit HMDI-vernetzten RTT-Faser (Abb. 11a) ändert sich I_2/I_3 nicht so sehr wie bei einer nativen oder schwach HMDI-vernetzten Faser (Abb. 10a). Das Spektrum zeigt selbst bei großen Langperiodenerhöhungen keine Peakverbreiterung und keine Abnahme der Intensitäten der höheren Ordnungen. Dies kann als Anzeichen für erfolgte *intra*fibrilläre Quervernetzungen gewertet werden, die ein molekulares Gleiten behindern.

In Abb. 12 ist das Verhältnis I_2/I_3 gegen die Langperiode aufgetragen. Mit zunehmender Vernetzungsdauer und Konzentration von HMDI, entsprechend ei-

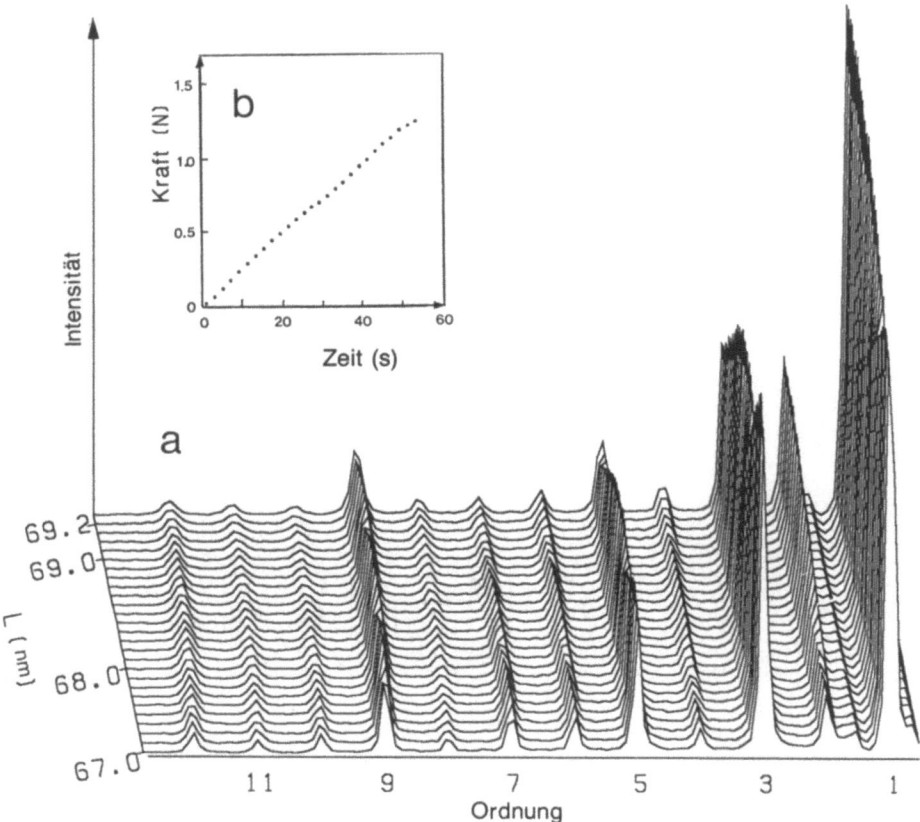

Abb. 11. a. Zeitaufgelöste meridionale Kleinwinkelspektren, die während der Dehnung einer stark ($T_s \approx 73\,°C$) mit HMDI-vernetzten RTT-Faser registriert wurden. Die Meßzeit betrug 2 s pro Spektrum. Alle weiteren Daten sind wie in Abb. 10a. **b** Kraft-Zeit-Verlauf, der simultan mit den Spektren registriert wurde. Die Faser wurde von 0 bis 6,5% gedehnt. Die Dehnungsgeschwindigkeit betrug $0{,}12\%\,s^{-1}$

ner höheren Schrumpfungstemperatur T_s, verlaufen die Kurven immer flacher. Ganz schwach vernetzte Fasern ($T_s < 60\,°C$) erreichen einen I_2/I_3-Wert von 2,0 bei $L = 68{,}5$ nm und unterscheiden sich damit nicht von nativen Fasern (FOLKHARD et al. 1987a). Fasern mit einer Schrumpfungstemperatur ab 60 °C lassen sich zu Langperiodenwerten von 70 nm dehnen, jedoch mit einer verzögerten Erhöhung des I_2/I_3-Verhältnisses, und zwar bis zu einem maximalen I_2/I_3-Verhältnis $< 1{,}0$ an Fasern mit $T_s \approx 73\,°C$.

Das I_2/I_3-Verhältnis für die auf 69 nm erhöhte Langperiode der Fasern aus Abb. 12 ist in Abb. 13 in Abhängigkeit der Schrumpfungstemperatur (T_s) aufgetragen. Beide Größen stellen ein Maß für den *intra*fibrillären Vernetzungsgrad dar. Mit steigender T_s nimmt I_2/I_3 ab und zwar unabhängig davon, ob die Fasern im unverspannten oder verspannten Zustand vernetzt wurden, d. h. je höher der

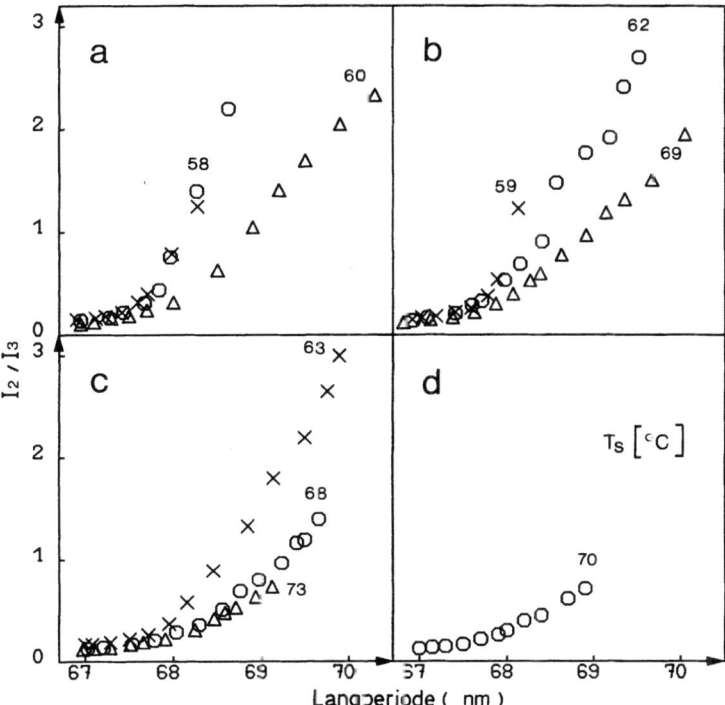

Abb. 12. Aus den meridionalen Röntgenkleinwinkelspektren bestimmte dehnungsinduzierte Änderung der Intensitätsverhältnisse von 2. zu 3. Ordnung (I_2/I_3) als Funktion der Langperiode für unterschiedlich vernetzte Rattenschwanzsehnen. **a** $c = 0,02\%$, $\varepsilon = 0\%$; **b** $c = 0,11\%$, $\varepsilon = 0\%$; **c** $c = 0,44\%$, $\varepsilon = 0\%$; **d** $c = 1,00\%$, $\varepsilon = 2\%$; x: 15 min. vernetzt; o: 30 min. vernetzt; Δ: 60 min. vernetzt. (c, Konzentration; ε, Dehnung)

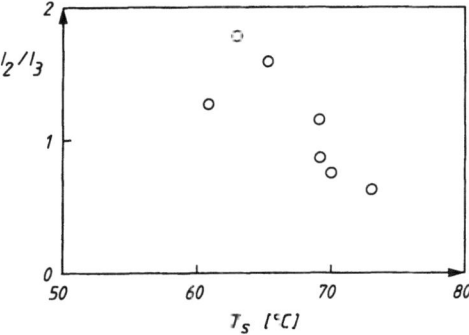

Abb. 13. I_2/I_3-Verhältnis als Maß für das intrafibrilläre Gleitvermögen unterschiedlich stark vernetzter Fasern aus Abb. 12a–d bei 69 nm Langperiode in Abhängigkeit der Schrumpfungstemperatur T_s

intra fibrilläre (intermolekulare) Vernetzungsgrad, desto eingeschränkter der molekulare Gleitvorgang.

Reversibilität des Dehnungsvorganges

Stark vernetzte Fasern ($T_s \approx 73\,°C$) wurden gedehnt und wieder entlastet. Dabei erhöhte sich die Langperiode bis auf 68,7 nm, was einer fibrillären Dehnung von 2,5% entspricht. Die meridionalen Kleinwinkelspektren sind nach der Entlastung der Fasern mit dem Ausgangsspektrum identisch. Während der Entlastung entsprechen die Intensitäten der 2. und 3. Ordnung innerhalb der Fehlergrenzen denen der Belastung beim selben Langperiodenwert (Abb. 14). Die molekularen Vorgänge bei der Entlastung der stark vernetzten Faser entsprechen somit der Umkehrung der molekularen Vorgänge beim Belasten, da das I_2/I_3-Verhältnis beim gleichen Langperiodenwert dasselbe ist — unabhängig davon, ob es sich um die Belastungs- oder Entlastungsphase handelt.

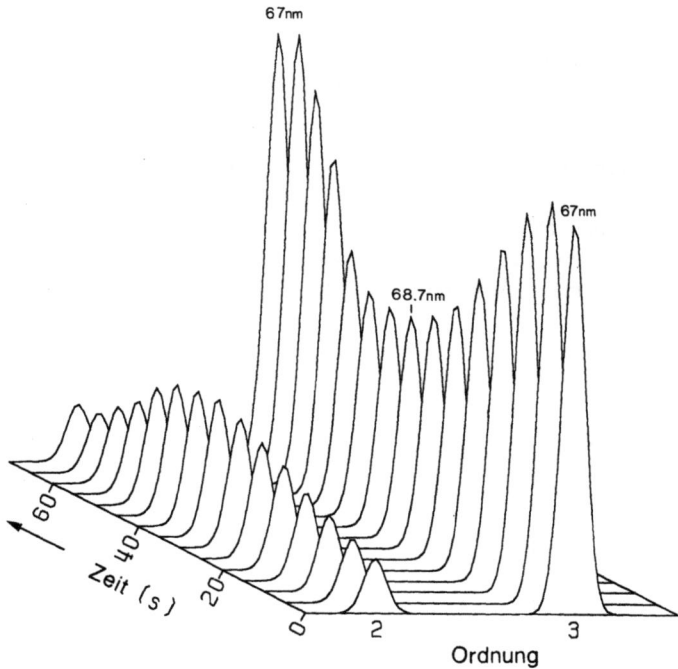

Abb. 14. Zeitlicher Verlauf der Intensitäten der 2. und 3. Ordnung des meridionalen Kleinwinkelreflexes während der Dehnung (Kurven 1 – 8) und Entlastung (Kurven 9 – 15) einer 30 min mit 1%igem HMDI verspannt vernetzten Sehne. Dehnungsinduzierter Anstieg der Langperiode von 67,0 nm auf 68,7 nm, die beim Entlasten der Faser wieder auf den Ausgangswert zurückgeht. Die Faser wurde mit einer Dehnungsgeschwindigkeit von 0,13% s^{-1} makroskopisch um ~6% gedehnt. Meßzeit je Spektrum: 5 s

Strukturdynamik nativer und künstlich vernetzter Sehnenfasern

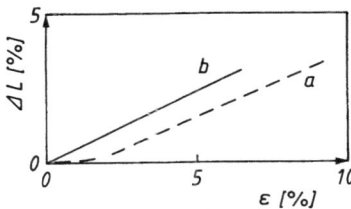

Abb. 15a, b. Fibrilläre Dehnung ΔL als Funktion der makroskopischen Dehnung ε von RTT-Fasern (22 Monate). a RTTs, die unterschiedlich lange (15, 30 und 60 Minuten) mit 0,44%igem HMDI in ungedehntem Zustand vernetzt wurden. Diese Meßwerte zeigen im Rahmen der Meßgenauigkeit keine Abweichung von denen einer nativen Faser. b RTTs, die im 2% gedehnten Zustand mit 1%igem HMDI vernetzt wurden. Die fibrilläre Dehnung steigt in diesem Fall sofort mit der makroskopischen an

Vergleich von fibrillärer und makroskopischer Dehnung

In Abb. 15 ist die prozentuale fibrilläre Dehnung ΔL (Langperiodenzunahme) als Funktion der prozentualen makroskopischen Dehnung ε (Faserdehnung) aufgetragen. Die Langperiodenzunahme von nativen Fasern sowie von unverspannt vernetzten Fasern erfolgt erst ab einer 1%igen makroskopischen Dehnung. Unverspannt vernetzte Fasern zeigen denselben Verlauf wie native Fasern − unabhängig davon, wie lange sie vernetzt wurden. In diesem Fall beträgt die fibrilläre Dehnung immer weniger als 50% der makroskopischen Dehnung, in die das Glätten einer für Kollagenfasern typischen Faserwelligkeit mit eingeht.

Die Fibrillen der verstreckt vernetzten Fasern, die also *keine* makroskopische Welligkeit zeigen, werden hingegen sofort mit der Faser gedehnt als Hinweis auf einen durch interfibrilläre Vernetzungen optimierten Kraftfluß.

6. Bromcyan-Peptide als „fingerprints" HMDI-vernetzter Sehnenfasern

Die in den α1- und α2-Ketten der Kollagenmoleküle enthaltenen Methioninreste werden durch BrCN spezifisch gespalten (PIEZ et al. 1968). Die anfallenden unterschiedlich langen Peptide können elektrophoretisch getrennt und densitometrisch (Abb. 16) erfaßt werden. Sie besitzen „fingerprint"-ähnliche Aussagekraft auch für das Kollagen der Sehnenfasern. Es besteht somit die Möglichkeit, vernetzungsbedingte Modifikationen auch auf diesem Wege zu erfassen.

Die elektrophoretische Auftrennung der BrCN-Peptide einer HMDI-vernetzten Sehnenfaser (Abb. 16b) zeigt gegenüber der Kontrolle (Abb. 16a) folgende Abweichungen: Ausfall der α1(I)-CB6-Bande und Erniedrigung der α2(I)-CB3,5-Bande. Die α1(I)-CB3-Bande nimmt absolut, d. h. bezogen auf das Gesamtgewicht der BrCN-Peptide, innerhalb der Fehlergrenzen *nicht* ab. Es erscheint kein zusätzlicher Peak, und die Auftragsstelle wird nicht angefärbt. − Im

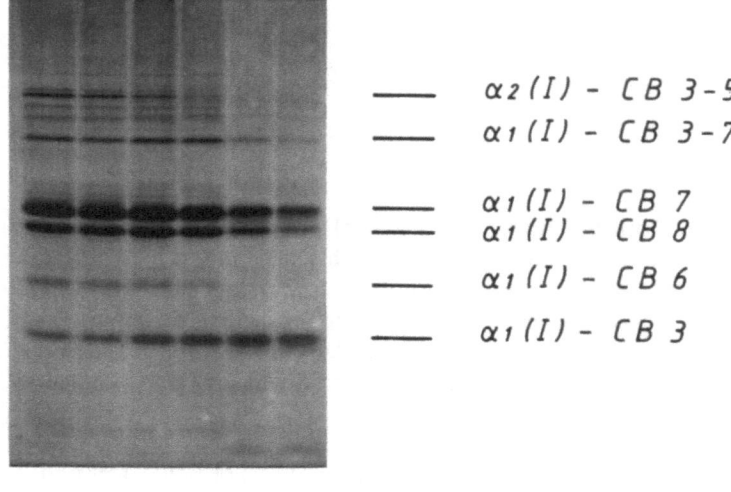

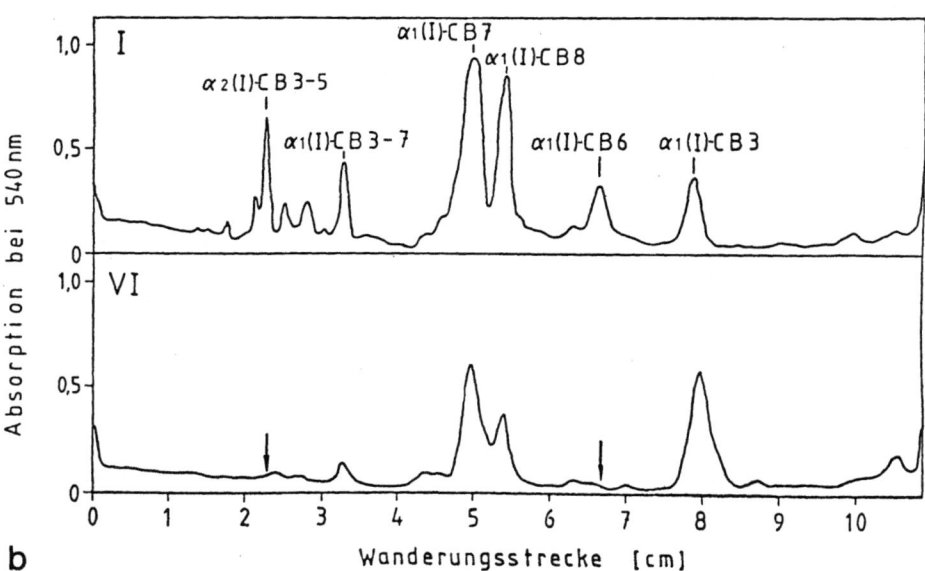

Abb. 16. a. SDS-Polyacrylamid-Gelelektrophorese (15% Acrylamid) der Bromcyanpeptide von nativen (*I*), 10 min. (*II*), 20 min. (*III*), 30 min. (*IV*), 1 h (*V*) und 4 h mit 0,44%igem HMDI (*VI*) unverspannt vernetzten RTT. **b** Densitometerkurven der elektrophoretischen Auftrennung der Bromcyanpeptide einer nativen RTT (*I*) und 4 h mit 0,44%igem HMDI vernetzten RTT (*VI*). Die Markierungen (↓) zeigen den Ausfall der an der Vernetzung beteiligten Bromcyanpeptide. Bromcyanspaltung und SDS-Polyacrylamid-Gelelektrophorese nach FURTHMAYR et al. (1971) und WEBER et al. (1977)

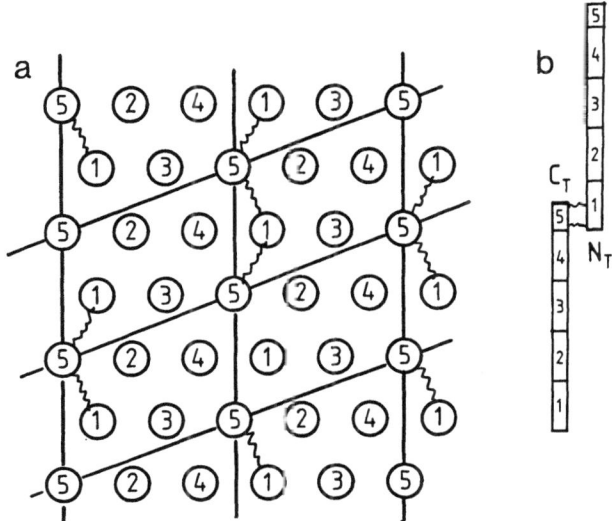

Abb. 17a, b. Laterale Anordnung der Kollagenmoleküle entsprechend der quasi hexagonalen Packung. **a** Darstellung in Aufsicht mit senkrecht zur Papierebene verlaufenden Kollagenmolekülen. Die Zahlen in den Kreisen entsprechen den 5 Molekülsegmenten (①bis ⑤), die z. T. n-Polymere ausbilden; einige der Vernetzungen sind eingezeichnet. **b** Natürlich vernetzte Kollagenmoleküle im Längsschnitt mit den Segmenten ① bis ⑤

Vergleich zur Vernetzung mit HMDI ist eine Umsetzung von Sehnenkollagen, z. B. mit Glutaraldehyd, von inhibierender Wirkung auf die BrCN-Spaltung.

Das starke Absinken der α2(I)-CB3,5-Bande kann schließlich durch intra- und/oder intermolekulare Vernetzung mit dem CB6-Peptid erklärt werden. Das α1(I)-CB3-Peptid wird durch HMDI wahrscheinlich wegen fehlender Reichweite nicht vernetzt, da es nicht mit dem C-terminalen Telopeptid überlappt.

Zur Interpretation dieser Ergebnisse ist es nützlich, sich die laterale Packung der Kollagenmoleküle und die möglichen Vernetzungsstellen des α1(I)-CB6-Peptids (Abb. 17) zu veranschaulichen. (①–⑤)$_n$-Polymere konnten dabei bereits an natürlich gealtertem Kollagen nachgewiesen werden (LIGHT und BAILEY 1980); die entsprechende Kennzeichnung wurde deshalb übernommen.

Der beobachtete Ausfall der α1(I)-CB6-Bande an HMDI-vernetzten Proben mag durch genügend viele künstliche Vernetzungen der C-terminalen Lysin- mit Argininresten der Nachbarketten verursacht sein (Abb. 18). Die Lysinreste dürften durch ihre Lage im anpassungsfähigen C-terminalen Telopeptid für Vernetzungen sterisch bevorzugt sein. Darüber hinaus kann aus ähnlichen Gründen auch das N-terminale Telopeptid mit dem α1(I)-CB6-Peptid vernetzt werden.

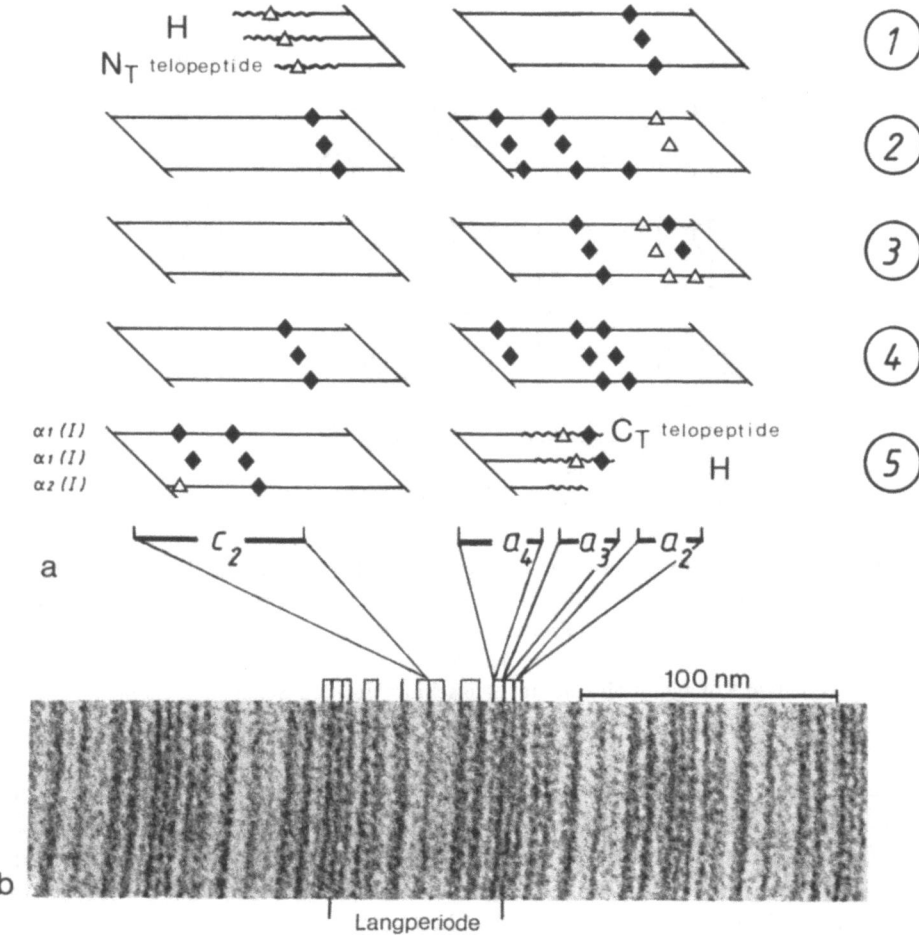

Abb. 18. a. Schematische Darstellung von Ausschnitten (▭) aus den Polypeptidketten der gestaggerten Kollagenmoleküle im Bereich der N- und C-terminalen Telopeptide, die an den Hohlraum H angrenzen. Da (siehe Abb. 17) jedes Molekülsegment mit jedem benachbart ist, sind alle Segmente ① bis ⑤ mit den potentiellen Vernetzungspartnern Arginin (♦) und Lysin (△) eingezeichnet. **b** Zuordnung der Domänen aus **a** mit den Querstreifen der elektronenmikroskopischen Aufnahme eines schwermetallsalzbehandelten Fibrillenlängsschnittes

7. Diskussion

Trotz eines relativ hohen Wissenstandes um die Bedeutung künstlich eingeführter Vernetzungen in kollagenhaltige Stoffe bereitete bislang eine Unterscheidung zwischen *intra*- und *inter*fibrillären Vernetzungen nicht nur chemisch-analytisch, sondern auch struktur-analytisch Schwierigkeiten. Es ist deshalb ein besonders günstiger Umstand, daß HMDI-vernetzte Fasern zu Beugungsdiagrammen führen, die keine Abweichungen vom Nativdiagramm aufweisen und somit im strukturdynamischen Verhalten einen quantitativen Vergleich mit den Kontrollobjekten zulassen.

Zur Topochemie dieser Vernetzungsart geht aus dem unbeeinflußten Auftreten der äquatorialen Nativreflexe hervor, daß intrafibrilläre Wechselwirkungen mit HMDI offenbar ohne Störung des pseudohexagonalen Ordnungsprinzips der Molekülpackung stattfinden. Ebenso bleibt im Unterschied zu aldehydvernetzten Fasern (JONAK et al. 1979) das Auftreten einer Kontraktionsspannung während der Umsetzung mit HMDI aus.

*Inter*fibrilläre Vernetzungen werden angezeigt durch einen Anstieg des Elastizitätsmoduls an verspannt mit HMDI behandelten Fasern. Diese Vernetzungsart zeigt eine Abhängigkeit vom Ausrichtungsgrad der zu Fasern gebündelten Fibrillen und kommt deshalb an unverspannt vernetzten Fasern nicht zur Geltung. Diese Aussage wird auch dadurch gestützt, daß nur an verspannt vernetzten Fasern eine dehnungsinduzierte Langperiodenzunahme linear zu der makroskopischen Dehnung erfolgt, gewissermaßen als Hinweis auf einen durch *inter*fibrilläre Vernetzungen optimierten Kraftfluß auf die Kollagenmoleküle.

*Intra*fibrilläre Vernetzungen werden angezeigt durch eine erhöhte Thermostabilität (Schrumpfungstemperatur) der Fasern und zwar unabhängig davon, ob diese im unverspannten oder verspannten Zustand mit HMDI vernetzt wurden. Diese Aussage eines von einer spannungsinduzierten Fibrillenausrichtung unbeeinflußten Vernetzungstyps wird erhärtet durch eine quantifizierbare Einwirkung auf das Gleitvermögen der Kollagenmoleküle gegeneinander.

Erfolgt eine Zugbelastung der mit HMDI vernetzten Fasern im Dehnungsexperiment, so besteht, ähnlich wie an nativen Objekten, die Möglichkeit, aus den aufgezeichneten Kleinwinkelspektren und dem Verhältnis der Reflexintensitäten I_2/I_3 den Einfluß zusätzlicher *intra*fibrillärer Vernetzungen auf das molekulare Gleitvermögen der Fasern zu ermitteln. Man findet als Funktion des Vernetzungsgrades und eines hiermit gekoppelten lateralen Stabilitätsanstiegs einen verzögerten Gleitprozeß der Kollagenmoleküle (Dreierschrauben) angezeigt durch reduzierte D-Stagger-Änderungen. Diese Abläufe wurden in Modellrechnungen nachvollzogen. Das Gleitvermögen der Dreierschrauben relativ zueinander wird durch die künstliche Vernetzung zunächst nicht ganz verhindert, da die ≈ 1,0 nm langen HMDI-Moleküle nach Ausbildung *inter*molekularer Harnstoffbrücken noch genügend Bewegungsspielraum lassen. Mit zunehmendem Vernetzungsgrad wird allerdings eine dehnungsinduzierte D-Stagger-Erhöhung auf weniger als die Länge eines Aminosäurerestes gegenüber 2,2-Aminosäureresten an nativen Fasern begrenzt.

Die in der Quartärstruktur des Kollagens (HODGE und PETRUSKA 1963) vorhandenen molekularen Hohlräume sind bekanntlich lockerer gepackt als die Überlappungsdomänen (Abb. 3a), da sie nur vier Dreierschrauben (Kollagenmoleküle) gegenüber fünf im Überlappungsbereich aufweisen. Ein hieraus abgeleitetes flexibleres Verhalten der Dreierschrauben innerhalb der Hohlräume ist allerdings in Übereinstimmung mit Modellrechnungen von keiner bevorzugten Längung dieser Domänen im Dehnungsexperiment begleitet.

Wegen ihrer besonderen Beschaffenheit bieten sich allerdings die Hohlraumdomänen als bevorzugte Reaktionsorte für HMDI an (Abb. 3a und 18). Als Vernetzungspartner kommen vor allem Lysinreste der flexiblen C-terminalen Telopeptide und Argininreste der Nachbarketten in Frage, was zum Ausfall der α1(I)-CB6-Peptide geführt haben dürfte.

Ausblick

Diese Ergebnisse wurden zwar an Fasern aus Rattenschwanzsehnen (RTT) erzielt, sie bilden jedoch die Basis für alle Untersuchungen an humanem Sehnenmaterial einschließlich der Chordae tendineae der Mitralklappen. So konnte bereits gezeigt werden, daß z. B. einerseits der unter physiologischen Bedingungen altersabhängige Anstieg des Vernetzungsgrades humaner Beugesehnen mit dem künstlich vernetzter RTT-Fasern vergleichbar ist (BOSCHERT, unveröffentl.), und andererseits Sehnen- sowie interstitielle Fasern eines Patienten mit Ehlers-Danlos-Syndrom Typ IV entgegen den Erwartungen einen intakten Vernetzungsstatus aufwiesen (NEMETSCHEK et al. 1989).

Darüber hinaus bieten die an RTT gewonnen Erkenntnisse auch die Möglichkeit, alle anstehenden Probleme der Biomechanik humaner Ortho- und Pathologie einer Lösung näher zu bringen.

Mit Unterstützung durch die Deutsche Forschungsgemeinschaft Ne 102/13-2 und des Bundesministeriums für Forschung und Technologie 05373 MAB.

Für Ihre Mitarbeit danken wir den Damen Ch. Boschert, D. Christmann, B. Hilbert und U. Wirth.

Literatur

ARNOLD G (1974) Biomechanische und rheologische Eigenschaften menschlicher Sehnen. Z Anat Entwicklungsgesch 143:263

BAILEY AJ, ROBINS SP, BALIAN G (1974) Biological Significance of the Intermolecular Crosslinks of Collagen. Nature (London) 251:105

BAYER O (1947) Das Di-Isocyanat-Polyadditionsverfahren. Angew Chem 59:257

BORNSTEIN P, KANG AH, PIEZ KA (1966) The Nature and Localisation of Intermolecular Crosslinks in Collagen. Proc Nat Acad Sci USA 55:417

BOWES JH, CATER CW (1964) Crosslinking of Collagen. J Appl Chem 14:296

EASTOE, JE (1967) Composition of Collagen and Allied Proteins. In: Treatise on Collagen. RAMACHANDRAN, GN (Hrsg) Academic Press, London New York, Vol 1, p 1

EITEL K (1953) Mehrfunktionelle Isocyanate in der Lederindustrie. Leder 4:234

FASOLD H, KLAPPENBERGER J, MAYER Ch, REMOLD H (1971) Bifunktionelle Reagentien zur Quervernetzung von Proteinen. Angew Chem 83:875

FOLKHARD W, KNÖRZER E, MOSLER E, NEMETSCHEK Th (1984) Packing of Collagen Molecules Modified with 2-Propanol. J Mol Biol 177:841

FOLKHARD W, MOSLER E, GEERCKEN W, KNÖRZER E, NEMETSCHEK-GANSLER H, KOCH MHJ, NEMETSCHEK Th (1987a) Quantitative Analysis of the Molecular Sliding Mechanism in Native Tendon Collagen. Int J Biol Macromol 9:169

FOLKHARD W, KNÖRZER E, KOCH MHJ, MOSLER E, NEMETSCHEK Th (1987b) Exchange of the Structural Water and Molecular Dynamic in Collagen. In: KLEEBERG, H. (Hrsg) Interactions of Water in Ionic and Nonionic Hydrates. Springer Verlag Berlin Heidelberg, p 167

FURTHMAYR H, TIMPL R (1971) Characterization of Collagen Peptides by Sodium Dodecylsulfate-Polyacrylamide Electrophoresis. Anal Biochem 41:510

GUSTAVSON KH (1956) The Chemistry of Reactivity of Collagen. Acad Press, New York

HANSTEIN v KL (1977) Experimentelle Studie zur Festigkeit menschlichen Sehnengewebes. Dissertation, Universität Heidelberg

HODGE AJ, PETRUSKA JA (1963) Recent Studies with the Electron Microscope on Ordered Aggregates of the Tropocollagen Macromolecule. In: RAMACHANDRAN GN (Hrsg) Aspects of Protein Structure, pp 289. Academic Press, London New York

JONAK R, NEMETSCHEK-GANSLER H, NEMETSCHEK Th, RIEDL H, BORDAS J, KOCH MHJ (1979) Glutaraldehyde-induced States of Stress of the Collagen Triple Helix. J Mol Biol 130:511

KASTELIC J, GALESKI A, BAER E (1978) The Multicomposite Structure of Tendon. Connect Tiss Res 6:11

KNÖRZER E, FOLKHARD W, GEERCKEN W, BOSCHERT Ch, KOCH MHJ, HILBERT B, KRAHL H, MOSLER E, NEMETSCHEK-GANSLER H, NEMETSCHEK Th (1986) New Aspects of the Etiology of Tendon Rupture. Arch Orthop Traum Surg 105:113

LEBERFINGER R, LANDBECK F, MATSCHKAL H (1971) Glutaraldehyd als Gerbstoff. Leder 22:27

LIGHT ND, BAILEY AJ (1980) Polymeric C-Terminal Cross-Linked Material from Type-I Collagen. Biochem J 189:111

MOSLER E, FOLKHARD W, KNÖRZER E, NEMETSCHEK-GANSLER H, NEMETSCHEK Th, KOCH MHJ (1985) Stress Induced Molecular Rearrangement in Tendon Collagen. J Mol Biol 182:589

MOSLER E, DIERINGER H, FIETZEK PP, FOLKHARD W, KNÖRZER E, KOCH MHJ, NEMETSCHEK Th (1987) Strukturdynamik isocyanatvernetzter Kollagenfasern. Angew Chem 99:578

NEMETSCHEK Th (1974) Biosynthese und Alterung von Kollagen. Sitzungsber Heidelberg Akad Wiss. Math-Naturwiss Kl, S. 49, 3 Abh

NEMETSCHEK Th, JONAK R, NEMETSCHEK-GANSLER H, RIEDL H, ROSENBAUM G (1978) Über die Bestimmung von Langperiodenänderungen am Kollagen. Z Naturforsch 33c:928

NEMETSCHEK Th, RIEDL H, JONAK R, NEMETSCHEK-GANSLER H, BORDAS J, KOCH MHJ, SCHILLING V (1980) Die Viskoelastizität parallelsträngigen Bindegewebes und ihre Bedeutung für die Funktion. Virchows Arch A 386:125

NEMETSCHEK Th, KNÖRZER E, FOLKHARD W, GEERCKEN W, JELINEK K, KUHLEMANN C, MOSLER E, NEMETSCHEK-GANSLER H (1983) Hydratwasseraustausch und Alkanol-induzierte molekulare Umordnungen am Kollagen. Z Naturforsch 38c:815

NEMETSCHEK Th, FOLKHARD W, KNÖRZER E, MOSLER E, NEMETSCHEK-GANSLER H (1989) Ehlers-Danlos syndrome type IV (EDS IV) as a model of a defective biopolymer composite material. Connect Tissue Res 18:269

PIEZ K, BLADEN HA, LANE JM, MILLER EJ, BORNSTEIN P, BUTLER WT, KANG AH (1968) Brookhaven Symp Biol 21:345

RANDALL JT (1954) Observation on the Collagen System. J Soc Leather Trades' Chem 38:362

RIEDL H, NEMETSCHEK Th (1977) Molekularstruktur und mechanisches Verhalten von Kollagen. Sitzungsber Heidelberg Akad Wiss. Naturwiss Kl, S 217, 5 Abh

SCHILLING V, JONAK R, NEMETSCHEK Th, RIEDL H, PÖPPE Ch, SCHWANDER E (1981) Anpassung von Kleinwinkelröntgenspektren durch eine nicht-lineare Regressionsanalyse. Z Naturforsch 36c:333

TRAUB W, PIEZ KA (1971) The Chemistry and Structure of Collagen. Advan Protein Chem 25:243

VIIDIK A (1973) Functional Properties of Collagenous Tissues. In: Int Rev Connect Tiss Res, Vol 6, pp 127. Academic Press, New York London

VIRCHOW R (1858) In: Cellularpathologie, Zweite Vorlesung 17.2.1858. Verlag A Hirschwald, Berlin

WEBER L, MEIGEL WN, RAUTERBERG J (1977) SDS-Polyacrylamide Gel Electrophoretic Determination of Type I and Type III Collagen in Small Skin Samples. Arch Derm Res 258:251

ZAHN H, WEGERLE D (1954) Reaktion von p,p'-Difluor-m,m'-dinitrodiphenylsulfon mit Sehnenkollagen. Leder 5:121

Sitzungsberichte der Heidelberger Akademie der Wissenschaften
Mathematisch-naturwissenschaftliche Klasse

Die Jahrgänge bis 1921 einschließlich erschienen im Verlag von Carl Winter, Universitätsbuchhandlung in Heidelberg, die Jahrgänge 1922–1933 im Verlag Walter de Gruyter & Co. in Berlin, die Jahrgänge 1934–1944 bei der Weißschen Universitätsbuchhandlung in Heidelberg. 1945, 1946 und 1947 sind keine Sitzungsberichte erschienen.

Ab Jahrgang 1948 erscheinen die „Sitzungsberichte" im Springer-Verlag.

Inhalt des Jahrgangs 1984:
1. R. Lüst. Extraterrestrische Astronomie. DM 17,–.
2. F. Leonhardt. Zu den Grundfragen der Ästhetik bei Bauwerken. DM 12,–.
3. Ch. Rüchardt. Die Bindung zwischen Kohlenstoffatomen, das Rückgrat der Organischen Chemie, und ihre Grenzen. DM 12,80.
4. J. Peiffer. Zur Neuropathologie der Nebenwirkungen nervenärztlicher Therapie. DM 18,–.
5. F. Linder. Geistige Grundlagen der chirurgischen Therapie. DM 14,–.

Medizinische Anthropologie. Herausgegeben von E. Seidler. Supplement. Geb. DM 76,–.

W.-W. Höpker. Mißbildungen. Interrelationen, Assoziationen und diagnostische Validität. Supplement. Geb. DM 74,–.

Inhalt des Jahrgangs 1985:
1. H. A. Staab. Zur Entstehung des Neuen in den Naturwissenschaften – dargestellt an einem Beispiel der Chemiegeschichte. DM 16,50.
2. S. Sambursky. Proklos, Präsident der platonischen Akademie, und sein Nachfolger, der Samaritaner Marinos. DM 13,–.
3. R. Haas. AIDS – Ein Virusinfekt des Immunsystems. DM 21,50.
4. F. Räbiger. Beiträge zur Strukturtheorie der Grothendieck-Räume. DM 39,50.
5. W. Kaiser. Entwicklungslinien der Breitbandkommunikation. DM 22,–.

Pathogenese. Herausgegeben von H. Schipperges. Supplement. Geb. DM 88,–.

E. Hinz. Human Helminthiases in the Philippines. Supplement. Geb. DM 98,–.

T. Cremer. Von der Zellenlehre zur Chromosomentheorie. Supplement. Geb. DM 135,–.

Inhalt des Jahrgangs 1986:
1. W. Doerr. Hat das Menschengeschlecht eine biologische Zukunft? DM 22,50.
2. G. Schettler. Der Stoffwechsel der Plasmalipoproteine und seine Bedeutung für die Pathogenese der Arteriosklerose. DM 38,–.
3. A. Fröhlich. Tame Representations of Local Weil Groups and of Chain Groups of Local Principal Orders. DM 55,–.
4. W. Doerr. Pathologie in Heidelberg. Stufen nach 1945. DM 14,80.

If you have any concerns about our products,
you can contact us on
ProductSafety@springernature.com

In case Publisher is established outside the EU,
the EU authorized representative is:
**Springer Nature Customer Service Center GmbH
Europaplatz 3, 69115 Heidelberg, Germany**

Printed by Libri Plureos GmbH
in Hamburg, Germany